Ángeles García Aliaga

Síndrome do cancro hereditário da mama e dos ovários

Ángeles García Aliaga

Síndrome do cancro hereditário da mama e dos ovários

Estudo transversal em doentes com risco elevado ou moderado de síndrome SCMOH.

ScienciaScripts

Imprint

Any brand names and product names mentioned in this book are subject to trademark, brand or patent protection and are trademarks or registered trademarks of their respective holders. The use of brand names, product names, common names, trade names, product descriptions etc. even without a particular marking in this work is in no way to be construed to mean that such names may be regarded as unrestricted in respect of trademark and brand protection legislation and could thus be used by anyone.

Cover image: www.ingimage.com

This book is a translation from the original published under ISBN 978-3-639-55776-3.

Publisher:
Sciencia Scripts
is a trademark of
Dodo Books Indian Ocean Ltd. and OmniScriptum S.R.L publishing group

120 High Road, East Finchley, London, N2 9ED, United Kingdom
Str. Armeneasca 28/1, office 1, Chisinau MD-2012, Republic of Moldova, Europe
Printed at: see last page
ISBN: 978-620-7-65700-1

RESUMO

Dada a elevada percentagem de casos de cancro da mama com elevada agregação familiar que não são explicados por alterações nos principais genes de suscetibilidade, *BRCA1* e *BRCA2*, propusemos este estudo para determinar a prevalência mutacional do gene *RAD51C* e do gene *RAD51D* na nossa população. Estes resultados serão úteis para a avaliação do *RAD51C* e do *RAD51D* como preditores de risco da síndrome hereditária do cancro da mama e do ovário (HBCS). Para o efeito, foi realizado um estudo transversal em doentes que cumpriam os critérios de risco elevado ou moderado da síndrome de SCMOH, nos quais não se verificou a existência de variantes genéticas patogénicas em *BRCA1*, *BRCA2* e *CHEK2* associadas a um risco acrescido. O rastreio mutacional dos casos índice foi efectuado por sequenciação automatizada das áreas de estudo (reação em cadeia da polimerase dos amplicões, verificação da amplificação por gel de agarose, purificação enzimática dos amplicões, reação de sequenciação, purificação em coluna e sequenciação por eletroforese capilar). As sequências obtidas foram analisadas utilizando o "SeqScape" v.2.5™ e o "Sequencing Analysis" v.5.2. Para a análise das variantes, foram consultadas as principais bases de dados, foram efectuados estudos de bioinformática e de cosegregação familiar para avaliar a patogenicidade das variantes. Os resultados foram comparados, em primeiro lugar, com as publicações relacionadas com os genes *RAD51C* e *RAD51D* que estão relacionados com a população espanhola e que fornecem informações sobre as variantes encontradas, bem como os primers necessários e as suas condições. O laboratório caracterizou molecularmente as variantes genéticas patológicas e as variantes de significado clínico incerto (VSCI) para determinar o perfil mutacional da nossa população, calculando a prevalência destas variantes. Realizámos também uma análise por subgrupos clínicos (cancro da mama bilateral / cancro do ovário / cancro da mama e do ovário), de forma a efetuar um estudo de correlação genótipo-fenótipo.

Palavras-chave: Genética Molecular, Síndrome do Cancro Hereditário da Mama e do Ovário (HBOS), *BRCAs, BRCAX, RAD51C, RAD51D*.

RESUMO

Dada a elevada percentagem de casos de cancro da mama com elevada agregação familiar que não são explicados por alterações nos principais genes de suscetibilidade, *BRCA1* e *BRCA2*, propomos este estudo para determinar a prevalência da mutação dos genes *RAD51C* e *RAD51D* na nossa população. Estes resultados serão úteis para a avaliação do *RAD51C* como preditor do risco de cancro na síndrome hereditária do cancro da mama e do ovário (HBOCS). Para tal, foi efectuado um estudo transversal em doentes que cumprem os critérios de risco elevado ou moderado da síndrome HBOC e nos quais não foi encontrada nenhuma variante dos genes *BRCA1, BRCA2* e *CHEK2* associada a um risco acrescido. O rastreio das mutações dos casos índice foi feito por áreas de estudo de sequenciação automatizada (reação em cadeia da polimerase, verificação da amplificação por gel de agarose, purificação enzimática dos amplicões, PCR de sequenciação, colunas de purificação e eletroforese capilar). As sequências obtidas foram analisadas com recurso ao software "SeqScape v2.5™" e "Sequencing Analysis 5.2". Para a análise das variantes serão consultadas as principais bases de dados, serão efectuados estudos de bioinformática e de cosegregação familiar para avaliar a patogenicidade das mesmas. Os resultados foram comparados, em primeiro lugar, com publicações relacionadas com os genes *RAD51C* e *RAD51D* que estão relacionados com a população espanhola e que nos proporcionam informação sobre as variantes que encontrámos, assim como os primers e as condições necessárias. Do nosso laboratório foram caracterizadas molecularmente as variantes genéticas patológicas e as variantes de significado clínico incerto (UCSV) com o objetivo de determinar o perfil de mutação da nossa população, calculando a prevalência das mesmas. Será ainda efectuada uma análise de subgrupos clínicos (cancro da mama bilateral / cancro do ovário / cancro da mama e do ovário), de forma a realizar um estudo genótipo-fenótipo.

Palavras-chave: Genética Molecular, Síndrome do Cancro Hereditário da Mama e do Ovário (HBOCS), *BRCA's, BRCAX,* RAD51C, *RAD51D*.

ÍNDICE

I. INTRODUÇÃO

Síndrome do cancro hereditário da mama e dos ovários (HBOHS)

A síndrome hereditária do cancro da mama e do ovário (HBOCS) é uma tendência hereditária para contrair cancro da mama, do ovário e cancros minoritários relacionados. Embora a maioria dos cancros não seja hereditária, cerca de 5% das pessoas que têm cancro da mama e cerca de 10% das mulheres que têm cancro do ovário têm HCOHS.

Foram identificados múltiplos factores de risco ambientais, hormonais e genéticos no desenvolvimento da síndrome hereditária do cancro da mama e dos ovários. Embora a maior parte deles tenha uma influência ligeira, a idade, a densidade mamária, a história mamária anterior e o número de familiares em primeiro grau com cancro da mama (CM) são particularmente importantes nas mulheres na pré-menopausa. No cancro do ovário (CO), o risco aumenta com a idade (com um aumento da incidência aos 50 anos) e diminui inversamente com a gravidez a termo [1].

A compreensão da causa genética do cancro da mama levou à identificação, nos anos 90, dos genes *BRCA1* e *BRCA2* ("breast-cancer-susceptibility"), estreitamente associados à suscetibilidade ao cancro da mama, e dos primeiros genes associados ao SCMOH [2;3].

Estes genes caracterizam-se por uma hereditariedade autossómica dominante, uma elevada penetrância e uma elevada prevalência. As mutações nos genes *BRCA1* ou *BRCA2* não só estão associadas a um risco acrescido de cancro da mama, como também aumentam a suscetibilidade aos cancros do ovário nas mulheres e aos cancros da próstata, do pâncreas e da mama nos homens [4].

Mas, tal como noutras síndromes de cancro hereditárias, há uma percentagem de casos que não são explicados por mutações nos genes de elevada penetrância conhecidos. A SCMOH é uma das mais notáveis, pois considera-se geralmente que apenas 20-25% dos casos de risco elevado e moderado são explicados por mutações no *BRCA1* ou *BRCA2* [5]. Isto significa que, na maioria dos casos, a forte agregação familiar observada não tem uma causa genética conhecida.

Prevalência e situação atual

O cancro da mama é o cancro mais comum e uma das principais causas de mortalidade nas mulheres do mundo ocidental, com 1,38 milhões de novos casos diagnosticados por ano e 458 000 mortes em todo o mundo. Nos países da União Europeia, estima-se que a probabilidade de desenvolver esta doença é de 8% antes dos 75 anos de idade [6]. Em Espanha, a incidência do cancro da mama é uma das mais baixas da Europa, mesmo assim, estima-se que sejam diagnosticados 22.000 casos de cancro da mama por ano, representando 30% de todos os tumores diagnosticados em mulheres. Na região de Múrcia, 560 mulheres são diagnosticadas com cancro da mama invasivo todos os anos e cerca de 180 morrem por esta causa.

Por outro lado, todos os anos são diagnosticados mais de 150 000 casos de cancro do ovário (CO) em todo o mundo, sendo este o cancro ginecológico com a taxa de mortalidade mais elevada, uma vez que é geralmente diagnosticado em fases avançadas [7].

Como já foi referido, um dos principais factores de risco é a presença de cancro da mama em familiares directos. O risco de CM é duplicado em familiares de primeiro grau de mulheres com CM, enquanto o CO é triplicado em familiares com CM em comparação com mulheres sem historial familiar [8].

De todos os casos com uma componente hereditária, 5-10% são atribuíveis a mutações herdadas de forma autossómica dominante em vários genes de suscetibilidade. Outros 15% das mulheres com cancro da mama têm alguma história familiar, embora sem um padrão claro de hereditariedade [9].

Genética molecular

A análise de ligação de famílias com múltiplos casos de cancro da mama e do ovário identificou em 1990 a primeira região cromossómica (17q21) candidata a conter um gene de alto risco para o cancro da mama hereditário. [10]. Em 1994, a clonagem posicional identificou o gene causal, denominado *BRCA1* ("BReast CAncer gene 1") [MIM *113705] [11]. [11]. *O BRCA1* é um gene constituído por 24 exões, que gera vários transcritos, o mais importante dos quais é o que codifica a maior proteína de 1863 aminoácidos.

As funções da proteína *BRCA1*, através dos complexos que forma, estão envolvidas na ativação das respostas aos danos no ADN e no controlo do ciclo celular.

Em 1995, foi identificado o *BRCA2* ("BReast CAncer gene 2") [MIM *600185], o segundo gene de elevada penetrância implicado no cancro da mama hereditário [12]. [12]. *O BRCA2 é* um gene maior do que o *BRCA1*, está localizado no cromossoma 13q12.3 e tem 27 exões, codifica uma proteína de 3418 aminoácidos, que tem menos motivos estruturais identificados.

A principal função do *BRCA2* é a recombinação homóloga (HR), que se baseia na sua capacidade de se ligar à recombinase de invasão de cadeia *RAD51*.

Embora não se exclua a possibilidade de identificar um novo alelo de elevada penetrância, sugere-se atualmente que estão envolvidos múltiplos genes de suscetibilidade, que se distribuem por três grupos, dependendo do risco relativo com que estão relacionados. Os grupos em que estes genes estão reorganizados são:

-Genes de elevada **penetrância**: associados a um risco relativo (RR) aumentado de MC   superior a   de MC superior a 5, os genes *BRCA1* e *BRCA2* são os que conferem o maior número de caracterizações moleculares da SCMOH, com 25% dos diagnósticos desta síndroma.   de caracterizações moleculares da SCMOH com 25% dos diagnósticos desta síndrome e outros genes minoritários mas de elevada penetrância como o TP53, PTEN, STK11 e CDH1 que causam 5% das MC familiares.

-Genes **de penetrância moderada**: conferem um RR de cancro entre 1,5 e 5. genes de penetrância moderada: conferem um RR de cancro entre 5 e 5. genes relacionados com a anemia de Fanconi (AF), tais como *BRIP1, PALB2, RAD51C* e *XRCC2* e outros genes que não estão envolvidos na AF, como   *ATM, CHEK2, NBS1, RAD50, RAD51D* e *RAD51B*. Todos estes genes   seriam responsáveis por   5%   dos diagnósticos moleculares de SCMOH.

-Genes de baixa **penetrância**: com um RR de cerca de 1,5, são um grupo de pelo menos 67 genes atualmente identificados que podem explicar 14% dos casos de CM.   de pelo menos 67 genes atualmente identificados, que poderiam explicar 14% do CM familiar. familiar.

Em comparação com o risco de *BRCA1* e *BRCA2*, a combinação destes genes secundários é responsável por aproximadamente 10% do componente genético do risco de CM [8]. Nestas categorias de alelos de suscetibilidade, onde se incluem variantes com penetrância moderada e baixa, destacam-se os genes *ATM, CHEK2, PALB2* e *BRIP1*, cujas proteínas interagem com as proteínas *BRCA1* e *BRCA2* ou devido ao seu envolvimento nas mesmas vias de reparação do ADN.

No entanto, cerca de 51% das doentes com cancro da mama familiar que não apresentam uma mutação nestes genes enquadram-se na categoria de família *BRCAX*. Estas famílias podem ser portadoras de uma mutação num gene não identificado de penetrância moderada ou de um padrão poligénico em que estão envolvidos vários *loci* de baixa penetrância.

Existem também outros modelos genéticos que podem explicar o risco de CM familiar que não se deve ao *BRCA1* ou *BRCA2*. Outros genes com mutações de elevada penetrância foram identificados em síndromes hereditárias que incluem o CM como parte do fenótipo (como o gene *TP53* responsável pela proteína P53 na síndrome de Li-Fraumeni ou o gene *PTEN* que transcreve uma enzima fosfatase na síndrome de Cowden). [1314] mas, como se trata de alelos de baixa prevalência, não são considerados causais da SCMOH.

No total, os dois grupos de genes mais importantes compreendem menos de 35% do risco de CM familiar [14;15]. Portanto, a causa da maioria dos agrupamentos familiares permanece desconhecida em pelo menos 51% dos casos, o que pode ser devido a um grande número de variantes, cada uma associada a um efeito moderado no risco de CM (**Figura 1**).

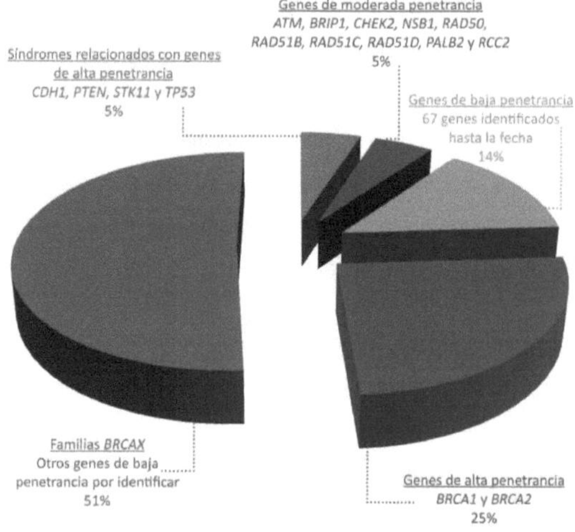

Figura 1 *Genes de suscetibilidade ao cancro da mama.*

A este respeito, foi publicado em 2010 um importante estudo por Meindl et al. no qual foi realizada a análise *do RAD51C por* sequenciação e dHPLC (cromatografia líquida desnaturante de alto desempenho) em 1100 probandos de famílias alemãs com CM/CO sem mutações detectadas em *BRCA1* ou *BRCA2* (*BRCAX*). Os resultados identificaram seis mutações monoalélicas que confeririam um risco acrescido de CM e CO (duas inserções, duas mutações no local de splicing e duas mutações missense), uma vez que limitavam a função da proteína. Foi encontrada uma prevalência mutacional no gene *RAD51C* de 1,3%, se forem seleccionadas famílias com indivíduos com cancro da mama e do ovário e excluídas famílias com indivíduos apenas com cancro da mama [116]. Por outro lado, um estudo recente efectuado em famílias espanholas mostra uma prevalência semelhante à descrita no artigo anterior para as mutações encontradas no *RAD51C* [17]. No que diz respeito ao gene *RAD51D*, um importante estudo numa população alemã atribui um risco relativo de cancro do ovário de 6,3 em doentes portadores de variantes genéticas patogénicas presentes neste gene, sugerindo que o estudo genético deste gene pode ser de grande utilidade clínica em famílias com SCMOH em que existam indivíduos afectados por cancro do ovário [18].

Base molecular

Para além de *BRCA1* e *BRCA2*, outros genes de suscetibilidade ao CM (*ATM, CHEK2, BRIP1 ou PALB2*) são essenciais para a estabilidade genómica celular e têm sido funcionalmente associados à reparação do ADN.

A recombinação homóloga é um processo fundamental para a conservação dos organismos, uma vez que mantém a integridade genómica através da reparação das quebras de cadeia dupla do ADN (DSB). Estes danos são gerados durante a replicação do ADN (fase S do ciclo celular) e são preferencialmente reparados por recombinação com a cromátide irmã. A disfunção da HR pode causar rearranjos genéticos aberrantes e instabilidade genómica, resultando em translocações cromossómicas, deleções, amplificações e perda de heterozigotia (LOH), um fenómeno em que um "locus" (posição precisa de um gene num cromossoma) perde uma das cópias de um gene.

A importância do funcionamento correto do processo de RH é evidente em patologias como a anemia de Fanconi e outras síndromes neoplásicas que partilham instabilidade cromossómica na infância, anomalias do desenvolvimento e predisposição para a leucemia e outros tipos de cancro. Nestas síndromes, foram observadas mutações bialélicas nos genes *BRCA2, PALB2 e BRIP1*. Estas evidências sugerem que, no caso do gene *BRCA2*, quando estão presentes dois alelos com a mesma mutação, causa AP; no entanto, se apenas um deles estiver mutado, está relacionado com CM.

A HR parece ser mais importante na correção dos erros de replicação do que os danos exógenos no ADN na DSB, caso em que podem ser utilizadas outras vias de reparação (**Figura 2**). [19]. Do mesmo modo, a supressão de tumores estaria intimamente relacionada com a correção de erros de replicação e não com a reparação de DSB, uma vez que, se os danos não forem resolvidos, as células podem permanecer presas até que seja activada uma via apoptótica. Na ausência de tais respostas de controlo, pode não haver tempo suficiente para que a DSB seja totalmente reparada antes da entrada na mitose e pode levar à instabilidade do genoma, manifestada pela perda e/ou má segregação dos cromossomas.

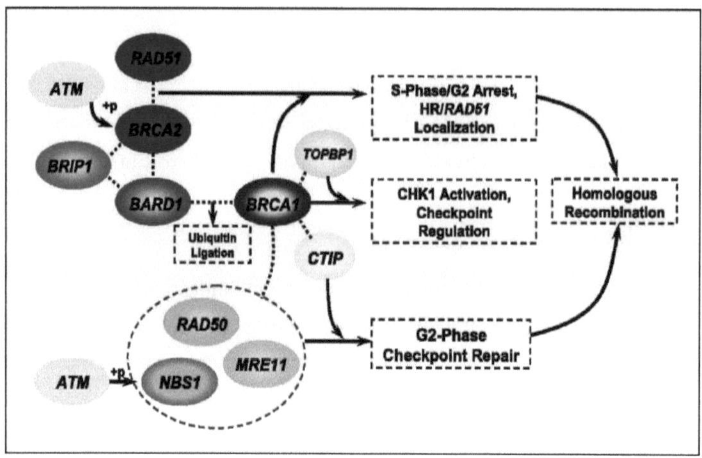

Figura 2: *Recombinação homóloga* (13).

A expressão de *BRCA1* e *BRCA2* em condições normais está associada ao crescimento e diferenciação das células epiteliais mamárias, especialmente durante a gestação e a lactação. Embora estes genes sejam expressos de forma ubíqua, parece que a sua atividade tem um impacto particular nas células da mama. [20].

Estes genes actuam na reparação do ADN (impedem a transformação neoplásica) e seguem um padrão de hereditariedade autossómico dominante com elevada penetrância. Os portadores de mutações em qualquer um destes genes têm um risco elevado de desenvolver cancro da mama e/ou do ovário durante a sua vida. Por conseguinte, a deteção destas mutações permite a localização de portadores assintomáticos que têm um risco elevado de desenvolver cancro ao longo da vida.

O BRCA1 possui uma região amino-terminal altamente conservada (domínio *RING*), um domínio coiled-coil e domínios em tandem na região carboxil-terminal (domínios *BRCT*). O domínio *RING* é um motivo no qual se encontram numerosas ubiquitina (E3) ligases que medeiam a ubiquitinação de proteínas. As sequências que abrangem este domínio medeiam uma associação estável com *BARD1* ("BRCA1-Associated RING domain protein 1"). [21]. A

12

formação do dímero *BRCA1/BARD1* está implicada na manutenção da estabilidade genómica e na supressão de tumores através do seu envolvimento na sinalização de danos no ADN, na reparação do ADN e na regulação da transcrição [22]. [22].

A ubiquitinação de *CTIP* por *BRCA1* está envolvida na reparação de DSB através da sua interação com o complexo *MRN* (formado por *MRE11, RAD50* e *NBS1*). O domínio N-terminal de *BRCA1* interage com um domínio *RING* semelhante chamado *BARD1* para formar um heterodímero de E3 ligase. A interação de *BARD1* é necessária para estabilizar a conformação do domínio *RING* de *BRCA1* para a atividade E3. Esta ubiquitinação estabiliza *BRCA1* e aumenta a sua atividade E3, envolvida na reparação de DSB e na remodelação da cromatina.

Foi também demonstrado o envolvimento do *BRCA1*, que, ao fosforilar na HR tardia, recruta a proteína *RAD51* para os loci de ADN danificado através da sua interação com o BRCA2. [23]. O complexo *BRCA1-BARD1* está envolvido na ativação dos pontos de controlo G1/S (através da fosforilação de *BRCA1* por *ATM* ou *ATR*), da fase S e da fase G2/M [24]. O complexo *TOBP1* ("*BRCA1-BRIP1-DNA* topoisomerase II-binding protein 1") é necessário para o controlo da fase S e da replicação do ADN [25].

A proteína *BRCA1* é capaz de formar numerosos complexos, cada um dos quais está envolvido na ativação da resposta a danos no ADN, no controlo da ativação do ciclo celular e/ou na reparação de quebras de cadeia dupla.

Por outro lado, temos a proteína *BRCA2* que contém oito repetições *BRCT*, cada uma das quais pode ligar-se à *RAD51*, e um domínio de ligação ao ADN. *A BRCA2* medeia o recrutamento da recombinase *RAD51* para DSBs e é responsável pela função supressora de tumores deste processo de reparação. [26]. Para além disso, a extremidade C-terminal de *BRCA2* contém uma quinase dependente de ciclina (*CDK*), que também liga RAD51 [27].

Foi demonstrado que *o RAD51* catalisa a etapa bioquímica final da HR: a troca de cadeias. [28]28], durante a qual o ADN de cadeia simples (ssDNA) invade o ADN duplex homólogo, deslocando a cadeia idêntica do duplex e formando uma ansa de deslocamento.

Recentemente, foi identificada uma mutação missense homozigótica no gene *RAD51C* (17q22-q23) numa família com características de AP e elevada suscetibilidade celular a agentes lesivos do ADN. Este gene da família *RAD51* está envolvido na reparação do ADN por recombinação homóloga. A proteína acumula-se nos locais de danos no ADN juntamente com o *RAD51*, actua em algumas fases do processo de reparação e está também envolvida na ativação *da CHEK2* e na paragem do ciclo celular em resposta a danos no ADN. Assim, *a RAD51C* contribui para a preservação da integridade do genoma [29].

II. HIPÓTESE

Desde abril de 2007 até à data, a Clínica de Aconselhamento Genético em Cancro Hereditário do Serviço de Oncologia do Hospital Clínico Universitario Virgen de la Arrixaca (HCUVA) tem vindo a avaliar várias síndromes de cancro hereditário, entre as quais a síndrome de cancro hereditário da mama e do ovário. De todas as famílias referenciadas, e sob critérios de seleção de alto risco para esta síndrome, foi solicitado o estudo genético dos dois genes recomendados pelas directrizes clínicas (*BRCA1* e *BRCA2*) num total aproximado de 600 casos-índice, estudo realizado no Laboratório de Diagnóstico Genético (LDG) do Serviço de Análises Clínicas do HCUVA. Tendo em conta que foram encontradas variantes de genes patogénicos em cerca de 20% das famílias estudadas, existe ainda uma elevada percentagem de famílias que não foram caracterizadas geneticamente.

Existem atualmente vários estudos publicados que também descrevem um risco acrescido de cancro da mama e do ovário em doentes portadores de variantes genéticas noutros genes de suscetibilidade. No entanto, a distribuição e a frequência destas variantes podem ser muito diferentes consoante a área geográfica analisada. Na Região de Múrcia, temos um registo importante de variantes patogénicas, variantes de significado clínico desconhecido e variantes não patogénicas obtidas a partir de estudos genéticos realizados em famílias seleccionadas, onde a presença de mutações fundadoras já foi descrita [30]. O estudo de outros genes hereditários de suscetibilidade ao cancro da mama e do ovário para estabelecer relações entre as variantes genéticas obtidas e o fenótipo da doença (correlação genótipo-fenótipo) é de importância vital, pois é uma ferramenta extremamente importante no aconselhamento genético.

Assim, no caso de se encontrarem variantes patogénicas em algum dos genes em estudo, com uma prevalência semelhante à descrita na literatura, o estudo genético desse gene em particular será incorporado na carteira de serviços do hospital HCUVA, de forma a aumentar o rendimento dos testes genéticos realizados. Desta forma, para além dos casos índice, um grande número de familiares poderá beneficiar dos resultados obtidos com a realização destes testes genéticos adicionais.

III. OBJECTIVOS

1. Rastreio mutacional dos genes *RAD51C* e *RAD51D* em pacientes da Região de Múrcia que cumprem os critérios de seleção da síndrome hereditária do cancro da mama e dos ovários, encaminhados para a Unidade de Aconselhamento Genético do Hospital Universitário Virgen de la Arrixaca durante os anos de 2007 e 2014, nos quais não foram encontradas variantes patogénicas nos genes *BRCA1* e *BRCA2*, nem rearranjos genéticos importantes.

2. Classificação das variantes encontradas nos genes *RAD51C* e *RAD51D de acordo* com o seu tipo e implicações fisiopatológicas baseadas no efeito que provocam.

3. Estudo de variantes de efeito desconhecido detectadas por estudos bioinformáticos.

4. Estudo da correlação genótipo-fenótipo em variantes patogénicas e variantes de significado incerto encontradas no estudo genético.

5. Recrutamento de controlos saudáveis para a avaliação das variantes genéticas encontradas durante o estudo.

IV. METODOLOGIA

1. Recrutamento de doentes

Da coorte de cerca de 600 casos-índice pertencentes a famílias que preenchem os critérios de alto risco para a síndrome do cancro hereditário da mama e do ovário, foram seleccionados pelos médicos que integram a Consulta de Aconselhamento Genético os casos que completaram o estudo genético dos genes *BRCA1/2*, que não eram portadores de variantes genéticas patogénicas nestes genes e que foram negativos na análise de grandes rearranjos génicos. Destas, foram recrutadas para o presente estudo as famílias de alto risco que cumpriam os critérios de inclusão considerados pelos membros da Consulta de Aconselhamento Genético, onde foram tidas em conta as recomendações bibliográficas específicas para cada um dos genes. Estes doentes foram submetidos a testes moleculares adicionais para os genes candidatos *RAD51C* ou *RAD51D*.

Antes do teste, os doentes foram informados, através de consentimento informado, do objetivo do estudo e das implicações e limitações do teste genético (**APÊNDICE 1**).

2. Estudo genético

2.1 <u>O estudo genético dos genes *RAD51C* e *RAD51D* dos doentes seleccionados</u>, bem como a interpretação das variantes genéticas obtidas, foi realizado pelos médicos do LDG. Utilizando a biblioteca de genótipos disponível no LDG do Serviço de Análises Clínicas do HCUVA, o DNA das amostras seleccionadas será utilizado para amplificar por PCR todos os exões de ambos os genes e os seus limites exão-intrão.

2.2 <u>Caracterização clínica das variantes genéticas encontradas através da pesquisa em bases de dados</u>: A relevância clínica das variantes genéticas do estudo foi consultada em publicações actuais e nas diferentes bases de dados disponíveis: "Human Gene Mutation Database" (HGMD), "Leiden Open Variation Database" (LOVD), "dbSNP" (NCBI) e "Ensembl". Com base na informação obtida, as variantes foram classificadas como: não patogénicas, de significado clínico desconhecido ou incerto (VSD/VSCI) e patogénicas.

2.3 <u>Estudo de cosegregação familiar no caso de variantes genéticas patogénicas e ICHV:</u> A equipa de enfermagem da Clínica de Aconselhamento Genético de Cancro Hereditário contactou telefonicamente os familiares do caso índice em estudo, que serão encaminhados para esta clínica, e após receberem aconselhamento genético por parte do oncologista correspondente, foi realizada uma extração de sangue periférico. Posteriormente, as amostras foram enviadas para o LDG, para serem processadas por extração automática de ADN.

2.3 <u>Avaliação da relevância clínica de variantes de significado clínico desconhecido</u>: Se a variante obtida no estudo não foi publicada ou registada em nenhuma das bases de dados consultadas, foi realizado um estudo bioinformático para prever a sua possível patogenicidade, bem como para estimar a frequência alélica para a alteração detectada na população de controlos saudáveis. Para os estudos bioinformáticos, foram utilizados os programas disponíveis de acordo com as alterações encontradas:

-Variantes missense: Grantham Score Matrix (GMS), Align-GVGD, SIFT, Polyphen-2, pMut.

-Missense e variantes silenciosas: "MutationTaster

-Efeito das variantes na união: Splice Site Finder, NNSplice e MaxEntScan. "MaxEntScan

3. Procedimento

3.1 Extração de ADN genómico

Trabalhámos a partir de uma amostra de sangue periférico num tubo com anticoagulante EDTA. O ADN genómico (ácido desoxirribonucleico) de todos os casos índice foi extraído de 400☐L utilizando o sistema automatizado da Promega (Maxwell 16 Blood DNA Purification Kit. **Figura 3**). Esta técnica baseia-se na interação de partículas paramagnéticas que funcionam como uma fase sólida móvel que optimiza a captação, a lavagem e a eluição do ADN presente nos leucócitos da amostra.

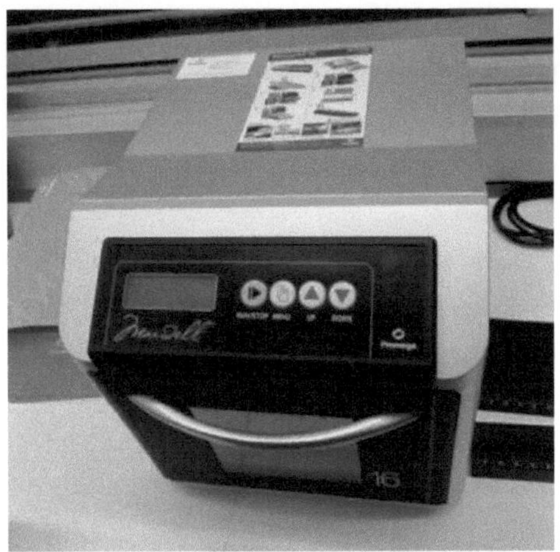

Figura 3: Sistema Maxwell 16.

Após a extração, a concentração e a pureza do ADN foram medidas espectrofotometricamente com o aparelho Nanodrop 1000 da Thermo Scientific (**figura 4**). As medições foram efectuadas a um comprimento de onda de 260 nm, o comprimento de onda a que os ácidos nucleicos são absorvidos, dando a concentração de ADN em ng/□L. O rácio obtido entre as absorvâncias a A260/A280 nm determina a qualidade do ADN extraído, sendo considerado aceitável um rácio entre 1,5-1,8.

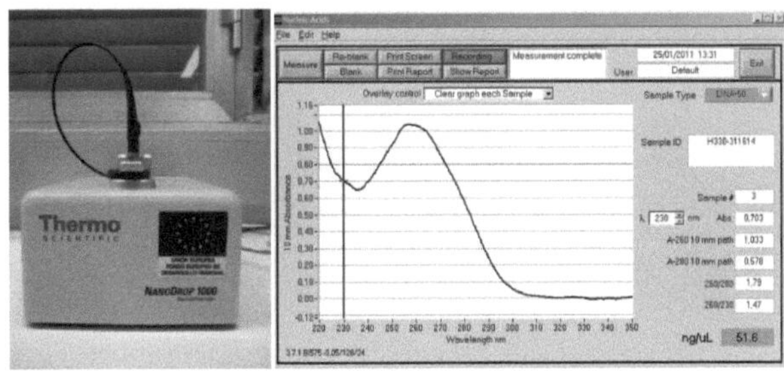

Figura 4. *(A). Curva de absorvância de uma amostra de ADN medida no Nanodrop1000 (Thermo.) (B). Nanodrop1000 (Thermo)*

3.2 Amplificação e purificação do ADN genómico

Para a amplificação, foi necessário utilizar primers que flanqueassem as áreas exónicas a estudar, pelo que foi necessário desenhar estes primers de acordo com a sequência alvo complementar que queríamos amplificar. →Para obter o dobro do rendimento, utilizámos dois primers, um na direção *forward* e outro na direção *reverse* da cadeia complementar, ambos na direção 5' 3' da cadeia.

Os primers utilizados para as amplificações são indicados no **quadro 1** para o gene *RAD51C* e no **quadro 2** para o gene *RAD51D*, sendo igualmente indicada a temperatura média de fusão (T^am) recomendada pelo fabricante ou determinada experimentalmente no laboratório e o tamanho dos amplicões resultantes.

Utilizámos como sequência de referência a isoforma A mais longa do gene *RAD51C* (NM_058216.1, OMIM *602724). Cada um dos 9 exões do gene *RAD51C* foi amplificado utilizando a técnica de Reação em Cadeia da Polimerase (PCR).

Exon	Tª m	Cartilha	Tamanho do amplicon (bp)
1	58 o	F 5'-T AGCAGAATCTAACGGAGACT-3' F 5'-T AGCAGAATCTAACGGAGACT-3' R 5'-ACAAGACTGCGCAAAGCTG-3' -ACAAGACTGCGCAAAGCTG-3	294
	58 o	F 5'- TCCACTCCTAGCATCATCACTGTT -3' F 5'- TCCACTCCTAGCATCATCACTGTT -3' R 5'- CCCACCCTTAAAAGGAGAAC -3' R 5'- CCCACCCTTAAAAGGAGAAC -3'	399
	60 o	F 5'-TCATGATTTGGTTGTTTGTTTGTGTCATC-3' F 5'- tcatgatttggttgttgtttgtgtcatc-3' R 5'- GGTCTCAGATGGGGCACAAAT-3' R 5'- GGTCTCAGATGGGCACAAAT-3'	274
	60 o	F 5'- TGCCAATATACATCCAAACAGG-3' F 5'- TGCCAATACATCCAAACAGG-3' R 5'- CAGGCAAACGCTATTTTGAC-3' R 5'- CAGGCAAACGCTATTTTGAC-3	249
5	60 o	F 5'- TCTTGGAGAGAGAGAGAGAGAGAGAGAGAGAGAGAGCATTT T-3' F 5'- TCTTGGAGAGAGAGAGAGAGAGAGAGAGAGAGAGCATTTT-3' R 5'-CAGGCAAACGCTATTTTGAC-3' R 5'- CAGGCAAACGCTATTTTGAC-3'	299
	62 o	F 5'- TGGGGGGTTTCACAATCTTGG-3' F 5'- TGGGGTTTTTCACAATCTTGG-3' R 5'- GTCTGCTTTCATCATGAAGCGTATATAGT-3' R 5'- GTCTGCTTTCATCATGAAGCGTATATAGT-3'	251
	60	F 5'- TCTTGGAGAGAGAGAGAGAGAGAGAGAGAGCATTTT-3' F 5'-	243

		TCTTGGAGAGAGAGAGAGAGAGAGAGCATTTT-3' R 5'- GTCTGCTTTCATCATGAAGCGTATATAGT-3' R 5'- GTCTGCTTTCATCATGAAGCGTATATAGT-3'	
8	62°	F 5'- ACGGGTAATTTGAAGGGTGT-3' F 5'- ACGGGTAATTTGAAGGGTGT-3 R 5'- AGCATCAAAAGCTGTGTCCTCA-3' R 5'- AGCATCAAAAGCTGTCCTCA-3'	362
9	62°	F 5'- GCCTGGGGCCCTAGAATAAAGT-3' - F 5'- GCCTGGCCCTAGAATAAAGT-3' R 5'- GGTATTTTTTTCCCATTCACTTCA3-3' R 5'- GGTATTTTTCCCATTCACTTCA3-3'.	341

Tabela 1: *Primers para o gene RAD51C*

Para o outro gene também utilizámos como sequência de referência a isoforma A mais longa do gene *RAD51D* (NM_001142571.1, OMIM *602954). Cada um dos 10 exões do gene *RAD51D* é amplificado por PCR.

Exon	T^a_m	Cartilha	Tamanho do amplicon (bp)
1	62º	F 5'-TGTCCTCTCTCTAGGAAGGGGTA-3' F 5'-TGTCCTCTCTCTAGGAAGGGGTA-3' R 5'-AGGTATGCCAGGGCAGTG-3' R 5'-AGGTATGCCAGGGCAGTG-3'.	345
	60º	F 5'- AGGCCCCAGTCCTCTCTCTCTG -3' F 5'-AGGCCCCAGTCCTCTCTCTG -3' R 5'- AGACACTCAGGTTTGGAATGTG -3' R 5'-AGACACACTCAGGTTTGGAATGTG -3'	230
	58º	F 5'- TTTGTTGCTGCTGAGCAGTCTGG-3' - F 5'-TTTGTTGCTGAGCAGTCTGG-3' R 5'-CCTCCTGCCTCTCTCTCTCTCTCTCTCTCTCCTTCT-3' R 5'-CCTCCTGCCTCTCTCTCTCTCTCTCTCTCTCTTCT-3'	317
	58º	F 5'- TTTTCCCCTGTCTTCTTCTCCTCCTCCT-3' F 5'-TTTTCCCCTGTCTTCCTCCTCCT-3' R 5'- ACCACCCTCCTCACCCCCCTAAATC-3' R 5'-ACCACCCTCACCCCCCTAAATC-3'	263
5	58º	F 5'- CCATCTGGACCCTCTCTCTCTCTGAA-3' F 5'-CCATCTGGACCCTCTCTCTCTCTGAA-3' R 5'- GGGGTTTTCCTGTGTCAGAA-3' R 5'-GGGGTTTTCCTGTGTCAGAA-3'	305
	58º	F 5'- CCCCCCCTACTCCCTCTCTCTCTTATCC-3' F 5'-CCCCCCCTACTCCCTCTCTTATCC-3' R 5'- AGTAGGACACCTGCCCACAG-3' R 5'-AGTAGGACACCTGCCCACAG-3'	225
	58º	F 5'- GCTGACAGGTTCATGAGTGC-3' F 5'-GCTGACAGGTTCATGAGTGC-3'	234

		R 5'- GCCAGAGAGACCAGACTCCAGA-3' - R 5'- GCCAGAGACCAGACTCCAGA-3'	
8	58°	F 5'- CCTCCCTCTCTCTCTCTGCTTCTCCT-3'. R 5'- TTTGGGGGGGGGTTCAGAAGCTGAC-3' R 5'- TTTGGGGGGGTTCAGAAGCTGAC-3'.	324
9	58°	F 5'- AGCATTATGGATCTGTAAGTCTG-3' - AGCATTATGGATCTGTAAGTCTG-3 R 5'- CCTCCAGGGGGCCCAAGATTA-3' R 5'- CCTCCAGGGGGCCCAAGATTA-3'	223
10	58°	F 5'- GAGGCTGAAACCTTGCAACT-3' F 5'- GAGGCTGAAACCTTGCAACT-3' R 5'- CAGGCGTTACTGGGAAGAAGAAA-3' R 5'- CAGGCGTTACTGGGAAGAAA-3'	350

A PCR é uma técnica de biologia molecular cujo objetivo é obter, a partir de uma concentração mínima de ADN, um grande número de cópias de um fragmento de ADN de um exão específico do gene que estamos a estudar, a partir de um doente específico.

Esta técnic *Tabela 2: Primers para o gene RAD51D*)N, neste caso cada um dos exões dos genes *RAD51C* e *RAD51D* separadamente, a fim de obter a sua sequência.

As reacções de amplificação foram realizadas num volume final de 25 L. Os componentes da reação de PCR, as suas concentrações e o volume utilizado de cada um são apresentados na **Tabela 3.**

Componentes PCR	V (µl)	V (µl) X 5	[Final]
Agua	X (10.88)	54.4	-
Buffer (5 X)	5	25	1X
Cl$_2$Mg (25 mM)	Y (2)	10	2 mM
Primer Forward (10µM)	1	5	0.4 µM
Primer Reverse (10 µM)	1	5	0.4 µM
DNTPs (2mM)	2.5	12.5	0.2 mM
Taq/Promega (5U/µl)	0.125	0.625	0.625 U
DNA genómico (20 ng/µl)	2.5	-	50 ng
Vf	25		

Quadro 3: *Reação em cadeia da polimerase*

Os termocicladores utilizados foram os seguintes: "2720 Thermal Cycler" da Applied Biosystems, "GeneAmp PCR System 9700" e modelo "Veriti" da mesma empresa. O kit enzimático escolhido para as amplificações foi a "Promega Go Taq Hot Start polymerase". A enzima "Promega" requer um tempo de ativação mais curto do que outras enzimas disponíveis no mercado e reduz a formação de produtos não específicos e dímeros de primers.

A PCR foi efectuada em várias etapas no termociclador:

-Etapa de reativação da polimerase a 94°C durante 2 minutos.

PCR
de 30-35 ciclos

1°: Desnaturação da cadeia molde a 94°C durante 1 minuto - ciclos de
2°: Temperatura de recozimento que varia consoante o primer, variando
  58°C a 62°C como indicado na tabela durante 45 segundos.
3ª: Fase de extensão final a 74°C durante 7 minutos.

-Uma vez terminados os ciclos de PCR, os produtos amplificados permanecem a 4°C (programados como HOLD) até serem recolhidos do termociclador.

Para verificar a amplificação correcta dos fragmentos, foi realizada uma eletroforese em gel de agarose a 1,5% com tampão TBE 1X (Tris 89mM - ácido bórico 89 mM-EDTA 2mM a pH8,4. "Bio-Rad) utilizando "GelRed" (0,1 □L ΓελPεδ/1µΛ gel) "GelRed Nucleic Acid Gel Satin, 10000X in Water", uma solução fluorescente para coloração de ácidos nucleicos que substitui o brometo de etídio (muito tóxico), normalmente utilizado em laboratórios de biologia molecular para coloração de ADN de cadeia dupla. Aproximadamente 3□L de produto amplificado foi carregado juntamente com 1 □L de tampão de carregamento 0,25% (W/V) de azul de bromofenol, 0,25% (W/V) de xileno cianol, 30% (V/V) de glicerol em água. O tamanho das amostras foi comparado com um marcador de tamanho de peso molecular "pGEM DNA Markers" da "Promega". Para a revelação, foram utilizados o transiluminador "Alpha Innotech" e a câmara Canon "PowerShot A640 AiAF".

Os amplicões foram depois purificados por um método enzimático, utilizando o kit "Exosap-It" (**Figura 5**). Este kit inclui duas enzimas, a exonuclease I, que remove as cadeias simples residuais de ADN que se podem formar na PCR ou os resíduos de primers, e uma fosfatase alcalina que remove os dNTPs residuais. O produto da reação de PCR 5 □L foi misturado com 2□L de "Exosap-It", incubado durante 15 minutos a 37°C e depois 15 minutos a 80°C para inativação.

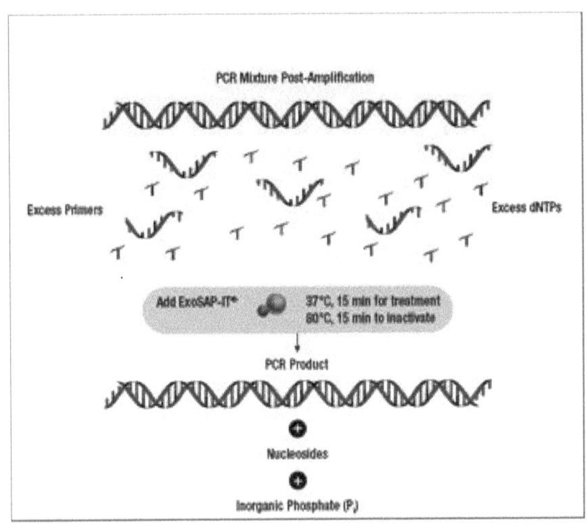

Figura 5: *Reação enzimática para a purificação do produto da PCR*

3.3 Sequenciação das reacções

Por sequenciação bidirecional, foi possível detetar alterações na sequência do gene. Foi realizada uma nova PCR com o amplicon purificado utilizando o kit "BigDye Terminator" (BDt) v1.1 da Applied Biosystems, uma adaptação da reação enzimática de dideoxi de Sanger (1977). As sequências foram analisadas por eletroforese capilar no "ABI3130", um analisador de quatro capilares também da Applied Biosystems.

Para a reação de sequenciação, foram utilizados os mesmos primers que para a PCR, mas a uma concentração inferior de 3,2 μM. Utilizou-se um volume final de 5 μL; 1,75 μL "Buffer enhancer sequencing" (10X), 1,5 μL água miliQ, 0,25 μL BDt v1.1, 0,5 μL primer ("Forward" ou "Reverse" 3,2 μM) e, finalmente, 1 μL de produto PCR (**Quadro 4**).

Sequenciação por PCR	**Vol (μL)**
2	1,5
Tampão de sequenciação de potenciadores" (10X)	1,5
BigDye	0,5
Primário F ou R	0,5
Amplicon purificado	1
Vol. total	5 μL

Quadro 4: *Sequenciação das reacções*

A reação de sequenciação ou PCR de sequenciação segue o seguinte esquema (**Figura 5**):

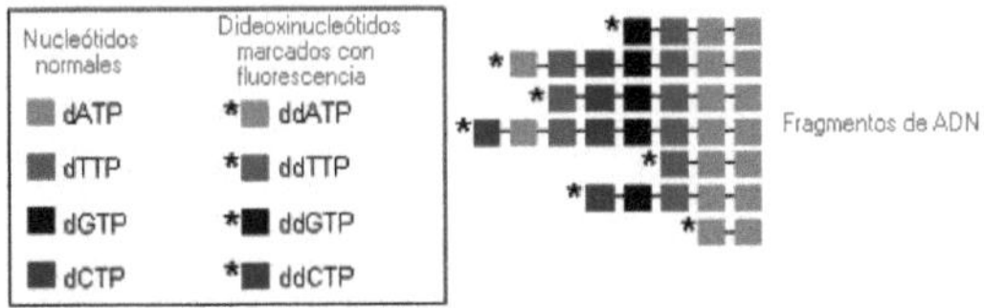

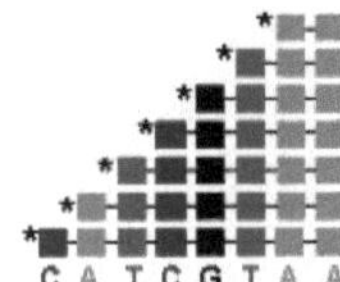

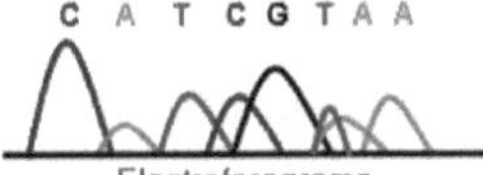

Longitud de onda	Nucleótido
Rojo	T
Verde	A
Azul	C
Negro	G

Figura 5: Esquema da reação de sequenciação.

-Passo de desnaturação da cadeia de ADN a 96°C durante 1 minuto.

1º: Desnaturação da cadeia molde a 96ºC durante 1 minuto.

2º: Temperatura de recozimento da hibridação dos primers a 50ºC durante 5 minutos.

Ciclos de PCR -

PCRseconds

3ª: Fase de extensão final a 60ºC durante 4 minutos.

3.4 Purificação da reação de sequenciação

Após a reação de sequenciação, os restos de dNTPs e eventuais impurezas foram removidos com colunas "EdgeBio" ("Performa DTR Dye Terminator Removal Gel Filtration Cartridges"). Este kit baseia-se na descrição de Sambrook et al. (1989) da filtração em gel do ADN para separar fragmentos com mais de 16 pares de bases (pb) de vestígios de dideoxinucleótidos marcados, dNTPs e outros sais ou compostos de baixo peso molecular (remove até 98% dos sais presentes).

O protocolo a seguir era o seguinte:

-As colunas foram centrifugadas a 3000 rpm durante 2 minutos.

-A água restante foi removida e a coluna foi colocada num novo frasco de 1,5 ml.

Adicionou-se -10µL de água milliQ aos 5µL de reação de sequenciação, o volume final (15µL) e depositou-se no centro da coluna.

-Centrifugar novamente a 3000 rpm durante 2 minutos.

Foram adicionados 10 µL de Applied Biosystems Hi-Di Formamide para desnaturar a dupla cadeia de ADN e, em seguida, as amostras purificadas foram transferidas para uma placa de 96 poços ("MicroAmpTM", Optical 96-Well Reaction Plate, Applied Biosystems) adaptada ao sequenciador.

3.5 Sequenciação automática direta por eletroforese capilar

A eletroforese capilar (EC) é uma técnica de separação utilizada para separar as diferentes moléculas presentes numa solução de acordo com a sua relação massa/carga. Os fragmentos a analisar foram ligados a etiquetas fluorescentes, que foram detectadas por um laser que as excitou em diferentes comprimentos de onda, conseguindo-se assim a análise de múltiplos fragmentos ao mesmo tempo, com os de menor peso molecular a percorrerem mais rapidamente o capilar e os de maior peso molecular a percorrerem mais lentamente.

4. Análise dos dados

4.1 Alterações na sequência

A análise da sequência foi efectuada com os programas de bioinformática "SeqScape v2.5™" e "Sequencing Analysis 5.2". Na sequência, foi possível encontrar diferentes tipos de alterações que, consoante a sua importância, tiveram um maior ou menor impacto na proteína codificada pelos genes *RAD51C* e *RAD51D*. Para a interpretação destes resultados tivemos em conta determinadas informações:

Informações de base:

➢ <u>Tipo de mutação</u>

- Silenciosa: alteração nucleotídica sem alteração de aminoácidos, normalmente não patogénica (exceto nos locais de splicing).
- Mutações que afectam a maturação do ARNm *("splicing")*: O resultado é a inclusão ou exclusão de exões da proteína, dependendo do ponto de splicing.
- Disparate: não afectam a sequência de aminoácidos codificada, mas geram um códão de paragem (UAA, UAG ou UGA) que interrompe prematuramente a tradução da proteína.
- Missense: a substituição de uma base dá origem a um novo tripleto ou códão que codifica um aminoácido diferente.
- Deleções ou inserções que alteram o quadro de leitura (*"frameshift"*): são mutações em que a deleção ou inserção de um nucleotídeo leva a uma mudança no quadro de leitura dos tripletos.
- Deleções ou inserções que não alteram o quadro de leitura: são pequenas deleções ou inserções que são múltiplas de 3 e, portanto, introduzem ou removem um ou alguns aminoácidos, mas não alteram o quadro de leitura dos tripletos.

➢ <u>Região do gene e da proteína afetada:</u>

- Exões > região intrónica adjacente > intrão
  - <u>Região intrónica.</u> Estas variações genéticas podem afetar os locais de reconhecimento da maquinaria de clivagem e de splicing, ou podem resultar numa possível supressão ou aparecimento do local aceitador ou dador de splicing.
- Efeito dependente da região funcional <u>da proteína</u>

➢ <u>Conservação filogenética de aminoácidos:</u>

- As alterações em áreas mais conservadas entre espécies ou isoformas são frequentemente mais deletérias (patogénicas) do que noutras áreas.

➢ <u>Estudos de bioinformática</u>:

- *HGMD* (http://www.hgmd.cf.ac.uk/ac/index.php): extensa base de dados privada sobre mutações de doenças hereditárias humanas na investigação genética e genómica [32].

- *LOVD* (http://www.lovd.nl/3.0/home): Trata-se de uma base de dados pública desenvolvida pelo Centro Médico da Universidade de Leiden, nos Países Baixos, concebida para recolher informações sobre todos os tipos de variantes de um grande número de genes [33].

- *Ensembl Genome Browser* (http://ensembl.org/index.html): Projeto de investigação bioinformática de acesso livre sobre genomas eucarióticos.

- *NCBI* (http://www.ncbi.nlm.nih.gov/): A sua base de dados SNP é muito útil para a pesquisa de polimorfismos.

- Quando se trata de mutações missense, existe uma correlação entre as alterações físico-químicas entre os aminoácidos e a forma como podem afetar a proteína. Neste caso, os estudos in silico baseados em algoritmos que prevêem a gravidade da variante são muito úteis:
    - Quando se trata de variantes intrónicas, são utilizados programas de análise como o "MaxEnt" [34], o "NNSPLICE" [35] e o "HSF" [36].
    - Para a análise das variantes nas regiões de codificação, utilizámos os programas de bioinformática "SIFT" [37] e "Mutation Taster" [38] como indicadores de patogenicidade.

- Trata-se de estudos indicativos e preditivos, nunca suficientes para confirmar ou excluir a patogenicidade.

➢ <u>Estudos funcionais e modelos animais</u>: pouco viáveis num laboratório clínico.

Informações clínicas:

➢ <u>Ausência em controlos saudáveis</u>: É importante estudar pelo menos 200 alelos de indivíduos saudáveis da mesma população para validar a patogenicidade das variantes.

➢ <u>Cosegregação da mutação com a doença</u>:
- Avaliar possíveis padrões de hereditariedade e casos de penetrância incompleta.

- Dificuldade em casos com várias mutações (alguns afectados terão apenas uma mutação).

> Descrições de mutações anteriores: informações sobre a penetrância, a evolução e as correlações genótipo-fenótipo.

4.2 Análise dos resultados e estatísticas

As mutações foram analisadas com o objetivo de avaliar o perfil mutacional da nossa população, calculando a prevalência das mutações.

Foi igualmente efectuada uma análise por subgrupos clínicos (cancro da mama bilateral / cancro do ovário / cancro da mama e do ovário), a fim de realizar um estudo genótipo-fenótipo.

O estudo de famílias com variantes genéticas foi importante para recolher informações valiosas sobre a penetrância da variante e, assim, fornecer informações úteis para modelos de previsão de risco.

V. DIFICULDADES E CONDICIONALISMOS

A dimensão da amostra necessária para atingir todos os objectivos deve ser grande, para que o estudo possa ser prolongado no tempo.

O estudo abrange um longo período de tempo e as determinações imunohistoquímicas no tecido tumoral variaram ao longo deste período, pelo que o perfil imunohistoquímico pode fornecer dados diferentes consoante a data do estudo.

A recolha de dados clínicos e demográficos sobre alguns pacientes pode ser difícil devido à diversidade de origem dos pacientes. Os pacientes da consulta de aconselhamento genético provêm de diferentes hospitais da região de Múrcia.

VI. QUESTÕES ÉTICAS

As características do desenho do nosso estudo, descritivo e transversal, implicaram uma relação risco-benefício claramente favorável para os doentes, uma vez que não foi efectuada qualquer intervenção de alto risco nos indivíduos.

Todos os pacientes incluídos no estudo tiveram de preencher um formulário de consentimento informado, bem como os familiares de primeiro grau a serem estudados.

VII. FLUXO DE TRABALHO

Fases de desenvolvimento

Etapa 1: Otimização das condições para as diferentes técnicas moleculares.

Etapa 2: Revisão e seleção de casos retrospectivos para os quais existe uma amostra de qualidade nos arquivos do LDG.

Fase 3: Recrutamento de doentes na secção prospetiva que preenchiam os critérios de inclusão. Estes doentes foram informados na Unidade de Aconselhamento Genético pelos médicos responsáveis pelo serviço de Oncologia Médica. Eles próprios lhes forneceram informações sobre os aspectos éticos e o impacto dos testes genéticos. Antes da colheita de sangue, o doente deve assinar o formulário de consentimento informado.

Fase 4: Receção das amostras no LDG e extração do ADN para as técnicas moleculares descritas na secção de métodos do presente trabalho. **A figura 6 mostra** o fluxograma de processamento das amostras.

Etapa 5: Revisão da informação clínica disponível dos casos retrospectivos e dos casos incluídos prospectivamente durante o desenvolvimento do projeto (idade de diagnóstico da doença, história familiar, imunohistoquímica, etc.). Os dados recolhidos foram incluídos numa base de dados criada especificamente para este projeto.

Etapa 6: Processamento e análise dos dados.

Etapa 7: Preparação do relatório final e publicação dos resultados.

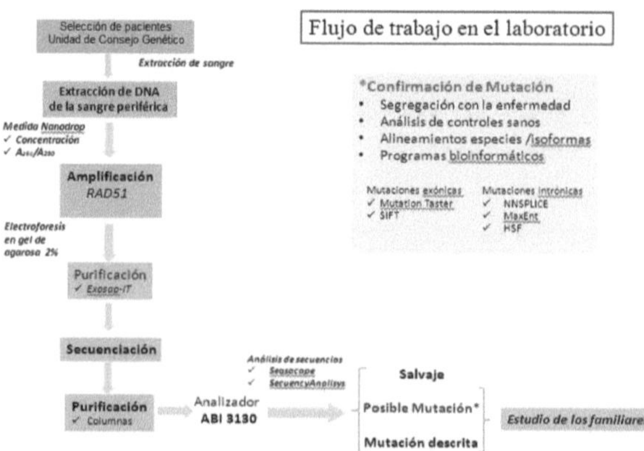

Figura 6: *Fluxo de trabalho no LDG*

Distribuição das tarefas

As experiências para os estudos moleculares e bioinformáticos foram coordenadas pelo chefe do Laboratório de Diagnóstico Genético do HCUVA.

A revisão da informação clínica disponível sobre os casos foi recolhida pelos médicos de oncologia e de análises clínicas.

Desde o início do estudo, foram recrutados na secção correspondente os doentes que preenchiam os critérios de inclusão e que assinaram o formulário de consentimento informado. Este processo foi levado a cabo na Unidade de Aconselhamento Genético em Cancro Hereditário, assistida pelo Departamento de Oncologia Médica do hospital.

A revisão da inclusão de doentes foi efectuada na reunião semanal do comité multidisciplinar para o cancro da mama e do ovário.

Após a preparação do relatório final, os resultados foram comunicados nesta reunião e a estratégia a seguir foi avaliada em conjunto.

VIII. PLANO DE DIFUSÃO, APLICABILIDADE E UTILIDADE PRÁTICA

Destaca-se a aplicabilidade dos resultados na prática clínica, uma vez que se trata de um projeto de investigação transversal. O objetivo do projeto é fornecer conhecimentos para a gestão clínica de famílias com SCMOH que não possuem variantes nos genes *BRCA1* e *BRCA2*. Os resultados foram úteis na avaliação do *RAD51C* e do *RAD51D* como preditores de risco na síndrome de SCMOH e na conceção de um modelo global de previsão de risco com outros genes que nos permitiu maximizar a relação custo-eficácia dos recursos para o diagnóstico molecular de mutações associadas à SCMOH.

Do ponto de vista da evidência médica, é de esperar que os resultados preliminares sejam objeto de comunicações em conferências nacionais e internacionais. O número de artigos e a magnitude do fator de impacto das revistas dependerão da dimensão dos resultados.

IX. BIBLIOGRAFIA

1. McPherson K, Steel CM, Dixon JM. ABC das doenças da mama. Breast cancer-epidemiology, risk factors, and genetics (Cancro da mama - epidemiologia, factores de risco e genética). BMJ. 9 de setembro de 2000;321(7261):624-8.

Miki Y, Swensen J, Shattuck-Eidens D, Futreal PA, Harshman K, Tavtigian S, et al. Um forte candidato para o gene de suscetibilidade ao cancro da mama e dos ovários BRCA1. Science. 7 de outubro de 1994;266(5182):66-71.

Wooster R, Bignell G, Lancaster J, Swift S, Seal S, Mangion J, et al. Identificação do gene de suscetibilidade ao cancro da mama BRCA2. Nature. 21 de dezembro de 1995;378(6559):789-92.

4. Antoniou AC, Hardy R, Walker L, Evans DG, Shenton A, Eeles R, et al. Predicting the likelihood of carrying a BRCA1 or BRCA2 mutation: validation of BOADICEA, BRCAPRO, IBIS, Myriad and the Manchester scoring system using data from UK genetics clinics. J Med Genet. julho de 2008;45(7):425-31.

5. Ferlay J, Autier P, Boniol M, Heanue M, Colombet M, Boyle P. Estimates of the cancer incidence and mortality in Europe in 2006. Ann Oncol Off J Eur Soc Med Oncol ESMO. março de 2007;18(3):581-92.

6. Graña Suárez B. Síndrome do cancro hereditário da mama/ovário: desenvolvimento de uma diretriz clínica e análise dos genes ATM, TP53 em famílias de alto risco para cancro da mama não associado a BRCA1 e/ou BRCA2. 11 de fevereiro de 2013 [citado 31 de março de 2013]; Obtido em: http://dspace.usc.es/handle/10347/7279

7. Ferlay J, Steliarova-Foucher E, Lortet-Tieulent J, Rosso S, Coebergh JWW, Comber H, et al. Cancer incidence and mortality patterns in Europe: Estimates for 40 countries in 2012. Eur J Cancer Oxf Engl 1990. 25 de fevereiro de 2013;

8. Ford D, Easton DF, Stratton M, Narod S, Goldgar D, Devilee P, et al. Genetic heterogeneity and penetrance analysis of the BRCA1 and BRCA2 genes in breast cancer families. The Breast Cancer Linkage Consortium. Am J Hum Genet. março de 1998;62(3):676-89.

9. Díez O, Gutiérrez-Enríquez S, Ramón y Cajal T. [Genes de suscetibilidade ao cancro da mama]. Med Clinica. 4 de março de 2006;126(8):304-10.

10. Hall,J.M., Lee,M.K., Newman,B., Morrow,J.E., Anderson,L.A., Huey,B., e King,M.C. (1990) Linkage of early-onset familial breast cancer to chromosome 17q21. Science, 250, 1684-1689.

11. Miki,Y., Swensen,J., Shattuck-Eidens,D., Futreal,P.A., Harshman,K., Tavtigian,S., Liu,Q., Cochran,C., Bennett,L.M., Ding,W., e . (1994) A strong candidate for the breast and ovarian cancer susceptibility gene BRCA1. Science, 266, 66-71.

12. Wooster,R., Bignell,G., Lancaster,J., Swift,S., Seal,S., Mangion,J., Collins,N., Gregory,S., Gumbs,C., e Micklem,G. (1995) Identification of the breast cancer susceptibility gene BRCA2. Nature, 378, 789-792.

13. Malkin D, Li FP, Strong LC, Fraumeni JF Jr, Nelson CE, Kim DH, et al. Germ line p53 mutations in a familial syndrome of breast cancer, sarcomas, and other neoplasms. Science. 30 de novembro de 1990;250(4985):1233-8.

14. Nelen MR, van Staveren WC, Peeters EA, Hassel MB, Gorlin RJ, Hamm H, et al. Germline mutations in the PTEN/MMAC1 gene in patients with Cowden disease. Hum Mol Genet. agosto de 1997;6(8):1383-7.

15. Luis Robles et al. Hereditary Cancer II Edition.

16. Meindl A, Hellebrand H, Wiek C, Erven V, Wappenschmidt B, Niederacher D, et al. Germline mutations in breast and ovarian cancer pedigrees establish RAD51C as a human cancer susceptibility gene. Nat Genet. 2010;42(5):410-4.

17. Osorio A, Endt D, Fernández F, Eirich K, de La Hoya M, Schmutzler R, Caldés T, Meindl A, Schindler D, Benítez J. Humar Molecular Genetics 2012 1-10.

18. Meindl A, Ditsch N, Kast K, Rhiem K, Schmutzler RK. Cancro hereditário da mama e do ovário: novos genes, novos tratamentos, novos conceitos. Dtsch Ärzteblatt Int. 2011;108(19):323-30.

19. Roy,R., Chun,J., and Powell,S.N. (2012) BRCA1 and BRCA2: different roles in a common pathway of genome protection. Nat.Rev.Cancer, 12, 68-78.

20. Marquis,S.T., Rajan,J.V., Wynshaw-Boris,A., Xu,J., Yin,G.Y., Abel,K.J., Weber,B.L., and Chodosh,L.A. (1995) The developmental pattern of Brca1 expression implies a role in differentiation of the breast and other tissues. Nat.Genet., 11, 17-26.

21 Meza,J.E., Brzovic,P.S., King,M.C., e Klevit,R.E. (1999) Mapping the functional domains of BRCA1. Interação dos domínios de dedo anelar de BRCA1 e BARD1. J.Biol.Chem., 274, 5659-5665.

22. Huen,M.S., Sy,S.M., and Chen,J. (2010) BRCA1 and its toolbox for the maintenance of genome integrity. Nat.Rev.Mol.Cell Biol., 11, 138-148.

23. Zhang,F., Ma,J., Wu,J., Ye,L., Cai,H., Xia,B., and Yu,X. (2009) PALB2 links BRCA1 and BRCA2 in the DNA-damage response. Curr.Biol., 19, 524-529.

24. Fabbro,M., Savage,K., Hobson,K., Deans,A.J., Powell,S.N., McArthur,G.A., and Khanna,K.K. (2004) BRCA1-BARD1 complexes are required for p53Ser-15 phosphorylation and a G1/S arrest following ionizing radiation-induced DNA damage. J.Biol.Chem., 279, 31251-31258.

25. Yu,X., Chini,C.C., He,M., Mer,G., e Chen,J. (2003) O domínio BRCT é um domínio de ligação a fosfoproteínas. Science, 302, 639-642.

26. Moynahan,M.E., Pierce,A.J., e Jasin,M. (2001) BRCA2 is required for homology-directed repair of chromosomal breaks. Mol.Cell, 7, 263-272.

27. Esashi,F., Christ,N., Gannon,J., Liu,Y., Hunt,T., Jasin,M., and West,S.C. (2005) CDK-dependent phosphorylation of BRCA2 as a regulatory mechanism for recombinational repair. Nature, 434, 598-604.

28. Baumann,P., Benson,F.E., and West,S.C. (1996) Human Rad51 protein promotes ATP-dependent homologous pairing and strand transfer reactions in vitro. Cell, 87, 757-766.

29. Meindl A, Hellebrand H, Wiek C, Erven V, Wappenschmidt B, Niederacher D, et al. Germline mutations in breast and ovarian cancer pedigrees establish RAD51C as a human cancer susceptibility gene. Nat Genet. maio de 2010;42(5):410-4.

Gabaldó X, Sarabia Mesguer MD, Alonso Romero JL, Marin Vera M, Marin Zafra P, Sánchez Henarejos P, Ruiz Espejo F. Nova mutação deletéria BRCA1 (c.1918C>T) na síndrome familiar de câncer de mama e ovário que compartilham uma ancestralidade comum. Cancro Familiar 2014. DOI 10.1007/s 10689-014-9708-5.

31.   Rebbeck TR, Mitra N, Domchek SM, Wan F, Chuai S, Friebel TM, et al. Modificação do risco de cancro do ovário por genes que interagem com BRCA1/2 numa coorte multicêntrica de portadores de mutações BRCA1/2. Cancer Res. 15 de julho de 2009;69(14):5801-10.

32. HGMD®homepage [Internet].recuperado de http://www.hgmd.cf.ac.uk/ac/index.php.

33. Home - LOVD - Um sistema de base de dados de variação de ADN de código aberto [Internet]. Recuperado de: http://www.lovd.nl/3.0/home

MaxEntScan:scoresplice   [Internet].   Recuperado   de: http://genes.mit.edu/burgelab/maxent/Xmaxentscan_scoreseq.html

BDGP: Previsão de sítios de emenda por rede neural [Internet]. Recuperado de: http://www.fruitfly.org/seq_tools/splice.html

36.   Human   Splicing   Finder   -   Versão   2.4.1   [Internet].   Recuperado   de: http://www.umd.be/HSF/

37. SIFT - Ferramenta para prever variantes não sinónimas / missense [Internet]. Obtido em: http://sift.bii.a-star.edu.sg/

MutationTaster [Internet]. Recuperado de: http://www.mutationtaster.org/

yes

I want morebooks!

Buy your books fast and straightforward online - at one of world's fastest growing online book stores! Environmentally sound due to Print-on-Demand technologies.

Buy your books online at
www.morebooks.shop

Compre os seus livros mais rápido e diretamente na internet, em uma das livrarias on-line com o maior crescimento no mundo! Produção que protege o meio ambiente através das tecnologias de impressão sob demanda.

Compre os seus livros on-line em
www.morebooks.shop

Printed by Books on Demand GmbH, Norderstedt / Germany